打造美好的家

——住宅装饰装修必知

绿植篇

江苏省装饰装修发展中心　主编

中国建筑工业出版社

图书在版编目（CIP）数据

打造美好的家：住宅装饰装修必知 . 5, 绿植篇 /
江苏省装饰装修发展中心主编 . —北京：中国建筑工业
出版社，2022.8

ISBN 978-7-112-27591-5

Ⅰ . ①打⋯ Ⅱ . ①江⋯ Ⅲ . ①园林植物—室内装饰设
计 Ⅳ . ①TU767 ②TU238.25

中国版本图书馆 CIP 数据核字（2022）第 118586 号

《打造美好的家——住宅装饰装修必知》
编写委员会

主　　任：高　枫

副 主 任：曹　宁　祝遵凌

编　　委：宋田田　张云晓　宫卫江　王　剑　王方明

　　　　　蒋缪奕　李　荣　曹成学　周银兵　殷广玉

　　　　　管　兵　廖志平　王　鹏　范　文　陈得生

主　　编：高　枫

副 主 编：曹　宁　耿　涛

绿植篇

主　　编：宋田田

编写人员：庄　凯　徐晶园　范　文　文　乔

设计篇

主　　编：陈得生
编写人员：王　剑　孙建民　浦　江　尹　会　范文谦
　　　　　　张云晓　范　文　王　鹏　宋田田

合同篇

主　　编：王　鹏
编写人员：贾朝晖　刘　栋　汤卫国　季　莉　童珺森

照明篇

主　　编：范　文
编写人员：王　腾　吴俊书　宋田田　郁紫烟　陈得生

验收篇

主　　编：张云晓
编写人员：王　亮　徐　杰　任道远　陈　胜　贾祥焱
　　　　　　汤卫国　贾朝晖　施忠亮　李　晓

　　随着住房消费市场从住有所居的刚性需求向住有宜居的品质追求转变，室内装饰装修行业的设计标准和服务内容不断延伸，与百姓生活密切相关。

　　江苏省装饰装修发展中心多年以来致力于装饰装修行业标准、技术、规范的研究。为适应装饰装修市场快速发展的需要，满足人民群众对美好生活的向往，由江苏省装饰装修发展中心发起，联合江苏省装饰装修行业协会（商会）、南京林业大学、龙信建设集团有限公司、红蚂蚁装饰股份有限公司、深圳瑞生工程研究院有限公司、苏州安得装饰设计工程有限公司等单位，编写了《打造美好的家——住宅装饰装修必知》一书，旨在：①面向住宅装饰消费者进一步加强对住宅装饰装修全流程的科普宣传工作；②引导消费者了解住宅装饰装修基本知识，掌握设计与施工的流程、方法；③具备针对特定装修问题的基本判断和辨识能力，并知晓相关的解决方法和渠道；④促进和引领大众装饰审美的提升。

　　该书为科普图书，共有5个分册，从设计、合同、照明、验收、绿植方面对目前装修市场最新的流行趋势、法律法规、施工工艺、技术规范进行了翔实的阐述，为住宅装饰消费者提供技术支持和帮助，供装修业主参阅。同时本书还精选了一些实际案例，是目前市场上比较全面的住宅装饰装修科普类书籍之一。

　　由于时间仓促，水平有限，如有不妥，请批评指正。

编者
2022年8月

前　言

　　过去，人们住在绿树环绕的环境之中，人与大自然紧密联系在一起。如今，人们移居到高楼大厦之中，远离了大自然。诚然，钢筋混凝土的坚实能够为我们遮风挡雨并带来安全感，但是人类与自然环境终究是一个整体，彼此不可或缺。居家健康成为生活在城市中的人们所关心的话题。生活离不开绿色，居家生活也离不开植物的装点。本分册主要介绍在住宅装饰装修中如何运用绿植装点房屋，以健康的生命力提升居家环境的幸福感，使我们的生活更加有趣且美好。

　　本分册主要内容为绿植的分类、用途以及如何在居室中更好地发挥绿植的装饰作用，同时也指出了影响健康、不宜放在室内的绿植。一直以来，人们对绿植的运用都是经验化的，本分册从科学的角度带给读者正确的绿植解读，细致地讲述了常见住宅绿植的分类、应用特点、布局方式和创新设计等，希望通过本分册给读者带来关于住宅绿植的科学知识，一方面更全面地普及绿植对于人和环境不可或缺这一事实，培养人们养护绿植的兴趣；另一方面普及绿植生物性层面的知识及社会性层面的内容，消除人们对养护绿植的烦恼与困惑，使人们愿意亲近绿色，并将本分册作为绿植设计指南，以更有趣、更得体的形式将绿植融入住宅中。

　　金埔园林股份有限公司为本分册的编写提供了技术支持，在此表示感谢！

目 录

第**1**章

概　　述

1.1 住宅绿植定义及配置原则

住宅绿植是指能够在室内环境中生长，并起到装饰、美化和净化人居环境作用的一类植物。

在已经装修好的室内空间进行植物绿化装饰，可将室内陈设作为背景，将植物作为构图中心，注意运用"装饰语言"中的点、线、面。室内植物小到几厘米，大到数米高，配置上应考虑与室内空间的尺度相协调。同时，每种植物又有各自不同的特性，主要体现在植物的形态、质感、色彩和生长特性上，不同功能的室内空间也有不同的风格和要求。因此，配置时应尽量使之统一协调，使绿色植物配置符合室内总体构图的要求。

1.2 常见住宅绿植类型及种植要点

室内植物耐阴喜暖，对栽培基质的水分变化不过分敏感，观赏价值高。按观赏特性可分为观叶类、观花类、观果类等。

1.2.1 观叶类

观叶类指以茎、叶为主要观赏部位的植物，种类繁多，是室内绿化的主要材料，如龟背竹、文竹、金边吊兰、常春藤、绿萝、富贵竹等。

1.绿萝

（1）观赏价值

绿萝（图1-1）是非常优良的室内装饰植物，是攀藤观叶花卉。萝茎细软，叶片娇秀。在柜顶上高置套盆，任其蔓茎从容下垂，或在蔓茎垂吊过长后圈吊成圆环，宛如翠色浮雕。既充分利用了空间，净化了空气，又为呆板的柜面增加了线条活泼、色彩明快的绿饰，极富生机，给居室增添融融情趣。

（2）生态价值

绿萝生长于热带，生命力极强，蔓茎自然下垂，不但观赏价值高，还是吸甲醛的小能手，能把甲醛、苯、三氯乙烯等有害气

图1-1　绿萝

体分解成对自身生长有益的营养物质。

（3）养殖要点

绿萝极耐阴喜湿，在室内稍向阳处即可四季摆放。在光线较暗的室内，应每半个月移至光线强的环境中恢复一段时间，否则易使节间增长，叶片变小。

2.金边吊兰

（1）观赏价值

金边吊兰（图1-2）叶边呈金黄色，叶片细长柔软，从叶腋中抽生的匍匐茎长有小植株，由盆沿向下垂，舒展散垂，似花朵，四季常绿，夏季或其他季节温度高时开小白花。它既刚且柔，形似展翅跳跃的仙鹤，故古有"折鹤兰"之称，是传统的居室垂挂植物之一。

（2）生态价值

金边吊兰可以在微弱的光线下进行光合作用，吸收甲醛的能力很强，能将火炉、电器、塑料制品散发的一氧化碳、过氧化氮吸收，还能吸附油烟、灰尘，抑制细菌繁殖，分解苯，吸收香烟烟雾中的尼古丁等较稳定的有害物质，故其又有"绿色净化器"的美称。

图1-2　金边吊兰

（3）养殖要点

金边吊兰喜温暖的环境，适应性强，忌夏季阳光直射，在光线弱的地方会长得更加漂亮，有一定的抗干旱能力，忌盆中积水。

3.龟背竹

（1）观赏价值

龟背竹（图1-3）叶形奇特，孔裂纹状，极像龟背。茎节粗壮又似罗汉竹，深褐色气生根纵横交错，形如电线。其叶常年碧绿，茎节上有较大的新月形叶痕，是比较有名的室内大型盆栽观叶植物，深受大众喜爱。

图1-3　龟背竹

（2）生态价值

龟背竹在夜间可吸收二氧化碳、释放氧气，对改善室内空气质量、提高含氧量有很大帮助。具有优先吸附甲醛、苯、TVOC等有害气体的特点，是理想的室内大型盆栽观叶植物。

（3）养殖要点

龟背竹可使用肥沃的塘泥或黑色山泥，每年换盆一次。忌烈日直射，夏季需遮阴，平时温度宜为15～20℃，冬季需6℃以上。

4.银皇后

（1）观赏价值

银皇后（图1-4）观赏价值很高，叶大而宽阔，形态美观大方，茎直立，银绿色叶面上有绿色的斑点，给人以清新的感觉，可摆放在客厅、卧室、阳台、厨房等地方，起到装饰家居、改善环境的作用，是一种很受欢迎的室内观叶植物。

（2）生态价值

银皇后以独特的空气净化能力著称，能吸收空气中的油烟和甲醛，空气中污染物的浓度越高，越能发挥其净化能力，因此非常适合通风条件不佳的房间。家中有抽烟者或者刚装修完，可放一盆银皇后净化室内空气。

（3）养殖要点

银皇后喜散光，在室内要放在光线较强处，以使叶片色泽鲜艳。长期放在阴暗处，会导致叶面色泽暗淡，叶片发软而不挺，影响观赏效果。

图1-4　银皇后

5.一叶兰

（1）观赏价值

一叶兰（图1-5）茎秆丛生，叶形挺拔整齐，颜色浓绿发亮，像个小森林，摆在沙发角落、电视机旁、书架和书桌上都很好。其姿态优美、雅致，可单独观赏，也可以和其他观花植物配合布置，以衬托出其他花卉的鲜艳和美丽。此外，它也是现代插花的配叶材料。

（2）生态价值

一叶兰吸收甲醛能力极强，对二氧化碳和氟化氢也有一定的吸收作用。另外，其光亮的叶片还可以吸附一定的灰尘，适应性强。

（3）养殖要点

一叶兰长势强健，适应性强，极耐阴，是优良的室内绿化观叶植物。生长期间应充分浇水，并经常往叶面上喷水，以保持较高的空气湿度。

图1-5　一叶兰

6.常春藤

（1）观赏价值

常春藤（图1-6）枝叶稠密，四季常绿，耐修剪，是室内垂吊栽培、组合栽培的重要素材，在立体绿化中发挥着举足轻重的作用，是藤本类绿化植物中应用最广泛的材料之一。

（2）生态价值

常春藤可增氧、降温、减
尘、降噪，具有优先吸附甲
醛、苯、TVOC等有害气体的
特点，有很好的净化室内空气
的作用。

（3）养殖要点

常春藤需要温暖潮湿的环
境，在生长期要经常保持盆土
湿润，若水分不足，会引起落

图1-6　常春藤

叶。在空气干燥的情况下，应经常向叶面和周围地面喷水，以提
高空气湿度。

7.鹅掌柴

（1）观赏价值

鹅掌柴（图1-7）叶片厚实茂密，适用于客室、书房和卧室
摆放，呈现自然和谐的绿色环
境，春、夏、秋季也可放在阳
台上观赏。

（2）生态价值

鹅掌柴不仅可以吸收甲
醛，还可以从烟雾弥漫的空气
中吸收尼古丁和其他有害物质，
并通过光合作用将之转化为无
害的植物自有物质，净化空气，
减少有害气体对人体的危害。

图1-7　鹅掌柴

（3）养殖要点

鹅掌柴在夏季最适宜的生长环境为半阴条件，所以夏季应防止烈日暴晒，以免叶片灼伤、叶色暗淡；冬季保证每天有4h以上的直射阳光，就能生长良好。

8.文竹

（1）观赏价值

文竹（图1-8），文雅之竹，叶片纤细秀丽，密生如羽毛状，翠云层层，株形优雅，独具风韵，观赏性强，可放置于客厅、书房，净化空气的同时也增添了书香气息。

（2）生态价值

文竹有"细菌克星"的称号，含有植物芳香油抗菌成分，释放出的气味有杀菌之功效，还能在夜晚吸收磷、硫化合物等有害物质。

图1-8　文竹

（3）养殖要点

文竹性喜温暖湿润和半阴通风的环境，冬季不耐严寒，夏季忌阳光直射。浇水量要视天气、长势和盆土干湿情况而定，做到不干不浇，浇则浇透。在天热干燥时，可用水喷洒叶面的方式增湿降温，冬天则要少浇水。

9.富贵竹

（1）观赏价值

富贵竹（图1-9）茎叶纤秀，柔美优雅，极富竹韵，不论盆栽或剪取茎瓶插或加工为"开运竹""弯竹"，均显得疏挺高洁。富贵竹管理粗放，病虫害少，容易栽培，有"大吉大利"的美好寓意。

图1-9　富贵竹

（2）生态价值

富贵竹能改善封闭空间的空气质量，具有消毒功能，尤其适合卧室，富贵竹可以有效吸收废气，使卧室的私密环境得到改善。

（3）养殖要点

富贵竹适宜在明亮散射光下生长，光照过强会引起叶片变黄、褪绿、生长慢等现象。

1.2.2　观花类

观花类植物开花时为主要观赏期，有些植物既可观花也可观叶，如花烛、栀子花、茉莉花、君子兰、米兰等。

1.花烛（红掌）

（1）观赏价值

花烛（图1-10）花叶俱美，花期长，花茎挺拔，盆栽点缀客厅、书房，舒泰别致，高雅俊美，是优质的切花材料，用红色花烛为主材，配上小菊、霞草、艳山姜、变叶木瓶插，有着浓厚的江南乡情。

（2）生态价值

花烛可吸收人体排出的废气，如氨气、丙酮等；也可以吸收装修残留的各种有害气体，如甲醛等；同时可以保持空气湿润，避免鼻黏膜干燥。

（3）养殖要点

花烛适宜生长在疏松肥沃的土壤中，盆底需要垫上颗粒土，然后再铺培养土。平时要把它放到半阴处，避免接受强光。日常浇水要浇足，幼苗期每2～3d浇一次水，成株则要保持盆土的湿润。

图1-10　花烛

2.君子兰

（1）观赏价值

君子兰（图1-11）株形端庄优美，叶片苍翠挺拔，花大色艳，果实红亮，叶花果并美，有一季观花、三季观果、四季观叶之称。从君子兰总体形态上观赏，侧看一条线，正看如开扇。其花期长达四五十天，而且能够早春开花，是重要的节庆花卉。

（2）生态价值

君子兰不仅观赏性强，实用性也很强，其叶片上有很多绒毛和气孔，分泌出的黏液，经过空气流通，能吸收大量的粉尘和有害气体，减少室内空间的含尘量，使空气洁净。因而君子兰被誉为理想的"吸收机"和"除尘器"。

（3）养殖要点

君子兰喜湿，具有较发达的肉质根，较耐旱，盆土半干就要浇水一次，但浇水量不宜多，保持盆土润而不潮。对光照要求不高，虽然良好的光照能够保证君子兰花颜色鲜艳，但它还是喜欢稍微弱一些的光线。君子兰适宜在微酸性腐殖质含量丰富的土壤中生长。

图1-11　君子兰

3.金枝玉叶

（1）观赏价值

金枝玉叶（图1-12）与燕子掌长得很像，但叶片更小更圆，整体气质更玲珑雅致，具有较高的观赏性。金枝玉叶萌发力强，生长到一定的高度时就可进行造型了，其形式可采用斜干式、直干式、曲干式、悬崖式、丛林式、附石式等，造型方法以修剪为主，蟠扎为辅。

（2）生态价值

金枝玉叶能增加室内氧气含量，吸收甲醛，具较强的抗辐射的能力。

（3）养殖要点

金枝玉叶喜温暖、阳光充足的环境，但夏季不宜暴晒。冬季保证室内光线充足，并减少浇水，使盆土略显干燥。耐修剪，可根据自己喜好的造型，修剪后控水，一两年就能养成老桩。

图1-12　金枝玉叶

4.栀子花

（1）观赏价值

室内开花植物，首选栀子花（图1-13），其枝叶绿意簇拥，花色洁白素雅。可水养、可土培，可插花、可盆栽，花期较长，从5～6月连续开花至8月，观赏性极佳。

（2）生态价值

栀子花叶色四季常绿、花朵芳香素雅，可缓解不良情绪。对甲醛的净化能力强，还可以吸收二氧化硫及氮化合物。

（3）养殖要点

栀子花喜光稍耐阴，怕强光暴晒，在庇荫条件下叶色浓绿，但开花稍差。夏季和初秋时节要经常浇水以保持土壤湿润，冬季严控浇水，但可用清水常喷叶面。耐热也稍耐寒。喜肥沃、排水良好、酸性的轻黏壤土，也耐干旱瘠薄。

图1-13　栀子花

5.茉莉花

（1）观赏价值

常绿小灌木类的茉莉花（图1-14），叶色翠绿、花色洁白、香味馥郁，多用盆栽，点缀室容，清雅宜人，"花开满园，香也香不过它"，它就是"一卉能令一室香"的茉莉花。茉莉花虽无艳态惊群，但玫瑰之甜郁、梅花之馨香、兰花之幽远、玉兰之清雅，莫不兼而有之。

图1-14　茉莉花

（2）生态价值

茉莉花分泌出来的杀菌素能够杀死空气中的某些细菌，使室内空气清洁卫生。

（3）养殖要点

茉莉花喜湿润，不耐旱，怕积水，因此要合理适时浇水。盛夏时节每天要早晚浇水，若空气干燥，需补充喷水；冬季休眠期，要控制浇水量，若盆土过湿，会引起烂根或落叶。

6.米兰

（1）观赏价值

米兰（图1-15）是人们喜爱的花卉植物，花放时节香气袭人。盆栽可陈列于客厅、书房和门廊，清新幽雅，舒心宜人。

（2）生态价值

米兰放在居室中可净化空气，吸收空气中的二氧化硫、氯气等。

（3）养殖要点

米兰喜湿润，夏季气温高时，除每天浇1～2次水外，还要经常用清水喷洗枝叶并向地面洒水，提高空气湿度。

图1-15 米兰

"尺度"和"比例"是室内设计的两个基本要素，我们在用植物塑造空间时需要仔细考量、反复推敲。一般来说，空间越宽阔，所选植物也可以越庞大。但在实际操作中，需要根据整体效果以及植物与室内其他物品的关系具体考虑。

1.2.3 观果类

观果类植物在果期具较高的观赏价值，如佛手柑、珊瑚豆、朱砂根、红豆杉、石榴、火棘等。

1.红豆杉

（1）观赏价值

红豆杉（图1-16）枝叶浓密，树形优美，是非常优良的观赏树种，每年秋天会结出红红的小果实。盆栽红豆杉造型十分美观，特别适合放在办公区、书房、卧室等处，有利于身体健康。

（2）生态价值

红豆杉能吸入苯、甲醛和过氧化氮以及尼古丁等有害气体，净化室内空气中的二氧化硫、二氧化氮、一氧化碳、可吸入颗粒物、总挥发性有机物，还能将甲醛转化成天然物

图1-16 红豆杉

质糖或氨基酸。长期与计算机为伍的人，室内放置一定树龄的红豆杉，可在一定程度上有效消除计算机辐射带来的危害。

（3）养殖要点

红豆杉虽然生长缓慢，但寿命很长，喜湿润的半阴环境，忌强光直射，北方地区要多喷水雾，增大湿气。

红豆杉能够抵抗零下30℃的低温，最适宜的生长温度为20～25℃，冬天不需要过多的保暖措施，夏季温度过高时要注意遮光。

2.朱砂根

（1）观赏价值

朱砂根（图1-17）的株形美观，小巧玲珑，叶密滴翠，果实红色，晶莹剔透，在绿叶遮掩下相映成趣，煞是好看，而且挂果期长（1～6月），又适值春节应市，别称"黄金万两""红运当头""富贵籽"，象征喜庆吉祥，是适于室内盆栽观赏的优良观果植物。

（2）生态价值

朱砂根具较强的净化空气的能力，在光照充足的情况下，会吸收大量二氧化碳、二氧化硫等有害气体，并释放出新鲜的氧气。

（3）养殖要点

朱砂根喜欢湿润或半干燥的气候环境，要求生长环境的空气相对湿度在50%～70%。

图1-17　朱砂根

当环境温度在8℃以下时停止生长。对光线适应能力较强，尽量放在室内有明亮光线的地方，如采光良好的客厅、卧室、书房等场所。

3.火棘

（1）观赏价值

火棘（图1-18）耐修剪，主体枝干自然、变化多端，树形优美，夏有繁花，秋有红果，观果期从秋到冬，果实越来越红。火棘的果枝也是插花材料，特别是在秋冬两季，配置菊花、腊梅等，可制作传统的艺术插花。

图1-18 火棘

（2）生态价值

火棘具有良好的滤尘效果，对二氧化硫有很强的吸收和抵抗能力。

（3）养殖要点

火棘喜湿喜肥，喜光照充足，喜通风良好和温暖湿润的气候环境。经过冬眠后的火棘植株，由于结果多、果期长、发芽早等特点，需要及时摘果补肥。对于成品的火棘盆景来说，春季是又一个生长周期的开始，春末夏初乃至秋季，以修剪和打梢为主。盆土是火棘盆景赖以生存和吸取营养的介质，肥力要足，呈微酸性，较疏松。

1.3 住宅绿植栽培的益处及注意点

绿植摆放于室内，对居室环境来说是增益增色的好帮手。第一，绿植可以美化居室，添色增辉。第二，很多绿植具有净化空气的作用，有益于身心健康。第三，养花养草可以陶冶情操，使生活变得丰富有趣。第四，室内充满绿植会让人们更有亲近感，成为人们乐于趋向的场所。第五，部分植物有发出警示的作用，比如万寿菊、秋海棠等叶面出现斑点时，说明二氧化碳污染严重；杜鹃、扶桑的叶子中部出现白色或褐色时，说明二氧化氮污染严重等。通过这些植物的反应，可以了解周围环境的异常情况，及时采取相应的举措，防止受到危害。

并不是所有的植物都可以放在室内，需谨慎选择种植于室内的绿植，下面是不可以放室内的植物：

（1）虞美人含有毒生物碱，其果实的毒性最大，如果误食，会引起中枢神经系统中毒。

（2）兰花所散出的香气，久闻会令人过度兴奋而引起失眠。

（3）紫荆花的花粉会诱发哮喘症或使咳嗽症状加重。

（4）夜来香在晚上大量散发出强烈刺激嗅觉的微粒，高血压和心脏病患者容易感到头晕目眩，郁闷不适，甚至会使病情加重。

（5）郁金香的花朵含有一种毒碱，接触过久会加快毛发脱落。

（6）夹竹桃的花朵散发出来的气味，会使人昏昏欲睡、智力下降；其分泌出的乳白液体，如果接触会使人中毒。

（7）松柏类植物所散发出来的芳香气味对人体的肠胃有刺激作用，不仅会影响人们的食欲，而且会使孕妇感到心烦意乱，恶心欲吐，头晕目眩。

（8）洋绣球花散发出来的微粒，会使有些人皮肤过敏，发生瘙痒症。

（9）黄花杜鹃花会散发出一种毒素，一旦误食，轻者会引起中毒，重者会引起休克，严重危害身体健康。

（10）百合花所散发出来的香味久闻会使人的中枢神经过度兴奋而引起失眠。

（11）水仙花的鳞茎内含有拉丁可毒素，人误食后会导致呕吐、肠炎等，叶和花的汁液能引起皮肤过敏、红肿痒痛。

（12）含羞草体内的含羞碱是一种毒性很强的有机物，人体过度接触后，会引起毛发脱落。

小技巧

　　搭配植物时有四个关键要素：色彩、形态、质感和种类。在实践中请择其一作为主题，其余辅之。要知道，太多的对比元素会带来困惑。但也不必拘泥于这些原则，有时候稍稍打破定式反而能收获意想不到的效果。

第2章

分类与应用

2.1 住宅绿植应用分类

住宅绿植应用分类见表2-1。

住宅绿植应用分类

表2-1

按效果功能分类	视觉观赏	吸味除臭	文化习俗
按栽培方式分类	土培	水培	介质培
按安装方式分类	垂挂	悬挂	墙角
按布置方式分类	点状布局	带状布局	面状布局

2.1.1 按效果功能分类

1.视觉观赏（表2-2）

在不同的场合，绿植都能起到装饰的作用，给人们以视觉观赏。比如在茶室、住宅中，摆放一些绿萝、龟背竹、空气凤梨等绿植更能增添贴近大自然之意。

植物视觉观赏种类示例　　　　表2-2

常用名	绿萝	空气凤梨	龟背竹	竹芋
水分 （温暖月份）	中水	少水	中水	多水
水分 （寒冷月份）	少水	少水	少水	中水
光照	阴、多云	多云	多云	晴朗
空气湿度	较湿、湿润	较湿	很湿	很湿
推荐放置空间	客厅、厨房	餐厅、书房	客厅、阳台	客厅、办公
照片示意				

2.吸味除臭（表2-3）

家庭养花一般都是放在客厅或者是阳台，其实有的花也可以放在卫生间，主要是起到除臭的作用。因为有的卫生间里面是没有排气扇的，而且也没有窗户通风，所以里面的异味会比较尴尬。这个问题可以利用盆栽来解决，如常春藤、吊兰、铁线蕨等，可以很好地帮助卫生间消除异味。

植物吸味除臭种类示例　　　　表2-3

常用名	常春藤	一叶兰	吊兰	铁线蕨
水分 （温暖月份）	多水	多水	多水	多水
水分 （寒冷月份）	中水	中水	少水	少水
光照	多云	多云	多云、阴	多云、阴

空气湿度	湿润	湿润	湿润	湿润
推荐放置空间	阳台、卫生间	餐厅、客厅、阳台、卫生间	客厅、阳台、厨房、卫生间	室内窗台、卫生间
照片示意				

3.文化习俗（表2-4）

家中摆上几盆绿植，不仅可以为居室注入自然的气息，同时还能净化空气、美化环境。室内绿色植物摆放有一定的道理和讲究的。比如：客厅可摆放富贵竹、蓬莱松、罗汉松、七叶莲、棕竹、瓜栗（发财树）、君子兰、兰花、仙客来等，有修身养性之意。

植物文化习俗种类示例 表2-4

常用名	富贵竹	发财树	君子兰	罗汉松
水分（温暖月份）	多水	多水	多水	多水
水分（寒冷月份）	少水	少水	少水	少水
光照	多云、阴	晴朗、多云	多云、阴	多云、阴
空气湿度	湿润	湿润	湿润	湿润
推荐放置空间	客厅、餐厅	客厅、阳台	客厅、厨房	客厅、厨房
照片示意				

2.1.2 按栽培方式分类

1.土培

一般盆栽花卉都是有土栽培。栽植用土要求疏松、透水和通气，同时也要保水力强、保持肥力强，还要求重量较轻、资源丰富。土壤疏松、透气好，有利于根系的生长发育和根际菌类的活动；排水好，不会因积水导致根系腐烂；保水好、保持肥力强，可保证持续有充足的水分和肥料供花卉生长发育使用；重量轻，便于搬移。盆土是盆栽植物的生长关键，植物所需要的水分、肥料、新鲜空气都是靠盆土来调节供给的，一般盆栽所用的盆土，都是已经调配好的营养土或专用土。盆土的配制通常是肥沃壤土：腐叶土：蛭石土＝5：3：2。盆土常用中性或微酸性的壤土，不宜使用盐碱土，而芦荟、仙人掌类等多肉植物可用砂土。新栽盆花或新换盆的盆花，一般应浇两次水，第一次水渗下后，再浇第二次水，使土壤充分浸湿。特别是腐叶土或泥炭土不易浇透，有时要浇许多遍才行，碰到这种情况，最好先将土稍拌湿，放1～2d再上盆。

2.水培

水培就是用盆花的营养液栽培，根据盆栽植物的大小，选用与植物规格相当的水培花盆。花盆由上下两部分组成，上部呈浅盆状，用以盛放植物，上部的底为筛状或多孔，植物的根可通过孔伸至下部的盆中；下部呈筒状，不漏水，可装营养液。用粗砂或直径0.5cm以下的砾石，将植物根部固定在水培花盆的上半部，并使部分根系穿过上盆底部的孔洞向下伸展至营养液中。水培花盆的下半部分放入营养液，其深度约为盆深的2/3，上部1/3

为空隙。为了保证根系的呼吸，不能将根系全部浸泡在营养液中，应保持部分根露在空气中。

3.介质培

介质是指盆栽用土的各种基质，如砂、泥炭土、树皮块、珍珠岩、岩棉、炉灰渣等。盆花的基质栽培是将各种基质以一定比例混合或单独用于盆栽花卉，并浇灌营养液。其盆栽和管理方法基本上与用一般培养土盆栽相同。介质培在很大程度上改善了盆栽的条件，使过去用普通培养土时复杂的浇水、施肥工作变得简单、容易掌握。

2.1.3 按安装方式分类

1.垂挂

"垂挂"在室内绿植安装上是一种很常见的手法。按照植物的生长方式不同，垂直绿化分为自然吸附型和辅助材料型，其中自然吸附型垂直绿化是通过在墙角处设置种植槽，种植攀援植物，利用植物自身的生长特点完成对墙面的绿化；辅助材料型垂直绿化是利用结构单元实现植物在垂直面上的生长，该系统主要由四个部分组成：种植植物的单元种植包、与立面墙连接的种植框架支持系统、为植物的生长提供养分和水分的滴灌系统、植物材料。

2.悬挂

部分室内绿植采用顶棚悬吊方式。这样的绿植基本都是依靠在墙面支架或凸出花台放置，或利用室内顶部设置吊柜、搁板布置。每个热爱生活的家庭都少不了几盆清新的小绿植，除了摆在花架上、桌面上、地面上，还可以将植物悬挂在空中、墙面、窗边。对于家里空间小、东西多，没地方摆放花草的人或者园艺大户来说，悬挂植物是一种非常理想的家庭园艺方式，不仅节省空间，而且富有创意。

3.墙角

很多人更喜欢将绿植放置在墙角处，做成绿植角。比如阳台和卫生间都很适合集中放置绿植。除此以外，家中稍显空荡荡的角落，如玄关、沙发、电视机旁、橱柜旁等，都可以用适宜的绿植去装点空间，使得枯燥平凡的空间立刻变得富有生机与活力，空气变清新，视野也变得更舒服，而且整个家的颜值也跟着飙升，让室内更有氛围感，使人处于放松安定的状态。

2.1.4 按布置方式分类

1.点状布局

点状布局（图2-1）也称为独立式布局，是指独立或组成单元集中布置的方式。这种布局常利用植物的形态、色彩、质地等特殊性质，将其独立或成组布置于室内空间的重要位置，使其成

图2-1　点状布局

为室内视觉的焦点，是住宅室内绿化中最普遍、最常用的布局方式，在植物的选择上更加强调其观赏特性。

2.带状布局

带状布局（图2-2）是指室内绿化呈带状排列的形式创造景观。可以是直线，也可以是曲线，常用盆花以带状花坛或连续排列的形式出现。带状布局线式绿化要注意植物的数量、大小、颜色和质地，既有变化又保持和谐统一。

图2-2　带状布局

3.面状布局

将植物集中成块布置，强调植物的数量及整体效果，突出其平面二维尺度。在室内绿植设计中，面状布局（图2-3）既可以是平面方向的布置，也可以是立面方向的布置。平面方向的布置常以小型盆栽集中成片，而立面方向的布置则更多是以悬垂攀援植物或借助相关施工工艺在墙面上进行绿化的方式，如垂直绿化。

图2-3　面状布局

2.2 住宅绿植应用创新

住宅绿植应用创新总结见表2-5。

住宅绿植应用创新　　　　　　　　表2-5

序号	创新点	植物推荐	图示
1	绿植墙——与墙体结合	络石、常春藤、鸟巢蕨、鸭脚木、狼尾蕨、花叶芋等	

序号	创新点	植物推荐	图示
2	绿植隔断——与隔断结合	金钻、文竹、虎尾兰、万年青、白掌等，灌木如洒金桃叶珊瑚、鸭脚木、小叶女贞、龟甲冬青等	
3	垂挂绿植——与灯具结合	牡丹吊兰、佛珠、常春藤、六倍利、绿萝、吊竹梅、空气凤梨、金鱼吊兰、吊兰、波士顿蕨等	
4	丛植绿植——与墙角结合	白鹤芋、橡胶榕、绿萝、雪铁芋和虎尾兰等	

绿植作为家居环境中重要的元素，成本低廉、塑造性强。但绿化方式常见于以盆栽植物的形式简单陈列摆放，导致人们对住宅的绿化设计缺乏兴趣与热情。基于创新型的设计理念，将绿植引入住宅，丰富住宅的绿化形式，以提高人们的物质生活和精神生活水平为出发点和落脚点，打造自然宜人的家居环境。

2.2.1 绿植墙——与墙体结合

为建设景观效果持久型、资源节约型、生态友好型的墙面绿化景观（图2-4），推荐使用管理粗放、病虫害少、生长周期长的观叶植物。考虑到种植容器的规格和植物根系对墙体的伤害，应尽量选择体量小的须根系植物，如络石、常春藤、鸟巢蕨、鸭脚木、狼尾蕨、花叶芋等。

图2-4　绿植墙

为打造集生态价值、景观价值于一身的适用于住宅空间的绿墙，植物景观的种植设计需根据住宅的装修风格配置适宜的植物。不同的植物在色彩、形态、质感方面会呈现出不同的视觉效果，结合植物的观赏特性，按照一定的设计手法在垂直面上进行布局，营造出色彩协调、层次丰富、艺术气息浓厚的景观效果。

2.2.2 绿植隔断——与隔断结合

隔断是室内陈设的一个重要元素，根据空间的连接程度分为全隔断和半隔断，其中半隔断隔而不断，使空间环境富于变化，实现住宅内部空间之间的连接与流通。绿植与半隔断融合，打破传统隔断概念，在增加交流机会、提供对话空间、维持隐私的基础上，柔化隔断本身的生硬线条，重新定义住宅内部空间的视觉特点，表现出使用者独特的个性与品位。

绿植隔断（图2-5）造型简约、体量轻巧，可根据空间的大小和用户的需求灵活定制规格，用于各功能区之间的分割、家居环境的装饰。其绿化形式简单，可根据使用者的喜好选择不同的植物品种与形态进行组合，呈现出不同的视觉效果。植物尺度的选择要规范，植物配置的布局需合理；遵循实用与环保相结合、科学与美感相统一的原则。植物推荐耐阴性好、管理粗放的观叶植物，草本如金钻、文竹、虎尾兰、万年青、白掌等，灌木如洒金桃叶珊瑚、鸭脚木、小叶女贞、龟甲冬青等，只要稍加修剪即可成为枝叶繁茂的绿植隔断。

图2-5　绿植隔断

2.2.3 垂挂绿植——与灯具结合

在家居装饰产品中，设计师们从自然的角度出发，设计出许多新颖独特、创意十足的作品，其中绿植与灯具融合（图2-6）的应用最为广泛。灯具提供的光源在视觉上可突出设计效果，满足艺术装饰和美化环境的要求；同时可缓解室内绿植因光照不足导致的光合效能低、营养物质积累不足等问题，促进植物的正常生长。绿植不再是简单的盆栽，灯具不仅是用来照明的工具，二者相互配合、相互衬托，为绿植家居产品中的创新性应用提供新的思路。

图2-6　绿植灯

2.2.4 丛植绿植——与墙角结合

住宅中经常会有房屋自身划分所产生的边角剩余空间，经过合理的运用，这些空间可成为绿植设计的绝佳场所——绿植角（图2-7）。楼梯的角落、窗边的围栏、卫生间的角落都可成为绿色植物的扎根之地，选用宽叶植物、蕨类植物，铺以白石，缀以假山溪流，通过聚散相依、疏密有致的搭配，使得空间更加精致美观、焕然一新。

　　大多数房子里都至少有一处阴暗的角落，可以用植物装点它，有些植物能够耐受较差的光照环境，但须谨记，没有光植物是无法存活的。如果这个阴暗的角落多少有一点光，可以试试白鹤芋、橡胶榕、绿萝、雪铁芋和虎皮兰。种下后要时时留心观察它们，及时发现或因光照不足引发的不良状况；可以每隔一天把它们移到明

图2-7　绿植角

亮的位置上补充光照。还有一种方法：用剪下来的植物叶片代替整株植物装点阴暗的角落。这种方法在应对客人来访等"短期任务"时特别好用，可营造简单又不失绿意盎然的氛围。

小技巧

　　巧用空间能够成就绝妙的绿意小品，使用不当亦会毁之。试着把植物组合按照一定层次密集排布，使正面呈现交错重叠的效果。接下来很关键：兀地宕开一笔，令一棵植物单独出现，不与其他植物交织，在其周边留白，制造"呼吸感"。它不必与其他植物隔得太远，距离适当就好——呈现既不被遮挡又不脱离植物组合的"若即若离"感。

第 **3** 章

绿植设计指南

部分住宅室内环境存在光照不足、空气湿度低、通风条件差等问题，绿化应以较能适应室内环境条件的耐阴植物为主，并根据温度、湿度等环境因子的变化情况灵活选择，达到绿化、美化居室和促进植物正常生长的目的。房间各处适合摆放什么植物，下面进行指导和介绍。

3.1 玄关

很多住户的家里，玄关的光照是不够的。这里通常可以成为具有装饰意义的小饰品摆放之处，同时放置几株绿植加以点缀，制造温馨的氛围。但是值得注意的是，玄关处的采光与通风往往不尽如人意，需要经常将这里的植物换换位置，使其能呼吸到新鲜空气并且沐浴到充足的光照。尽管人们不会在玄关过多停留，但这里的"交通量"很大，通常也是客人们第一眼看到的地方，所以很适合在这里添上一抹"热情好客"的绿意（图3-1、图3-2）。玄关有一张放钥匙、硬币和小摆件的小桌，为什么不再摆上一两个小盆栽活跃气氛呢？如果玄关的空间足够，还可以在地板上摆些中型植物。如果还有一面空白的墙壁，甚至可以用盆栽创造一个壮观的场景，比如布满爬藤的植物墙。

方案一：

图3-1 玄关绿植的摆放（一）

方案二：

图3-2 玄关绿植的摆放（二）

房间里那些无趣的角落在呼唤着植物的装点。无论是创造一个丰富庞大的植物组合，还是增添一个小而简洁的植物组合，都能让这些无趣的角落摇身一变，成为众人瞩目的焦点。大型植物特别适合出现在角落处，在那里它们可以尽情伸展。如果空间足够，不妨布置一组大型植物领衔的植物组合，这可以让角落焕发出动人的美感。

3.2 厨房

厨房是供居住者进行炊事活动的空间，现代厨房还慢慢演变出许多复合功能，比如作为儿童嬉闹娱乐之地、居家工作者办公之所、家庭聚会活动场所等。室内绿植大多喜爱无直射光的明亮环境，在厨房里总能找到一两个这样的位置，因此厨房里很适合布置室内植物，以此改善家居环境。

1.植物选择原则

植物外形选择遵循宜小不宜大、宜简不宜繁的原则；功能选择以高吸附性、强净化能力、无病虫害、无异味、具有清洁作用的耐阴植物为佳。

2.植物布置规划

无论是蜻蜓点水地增加几抹绿意，还是大刀阔斧地把厨房变成一片丛林，都需要合理考虑使用空间，寻找最适合的布置方式。如窗户边上适宜种植矮小的香草类植物，可作为香料加入料理；墙面适宜悬挂常春藤、吊兰等藤本类植物（图3-3、图3-4）；

操作台角落、水池边、窗台上、墙面置物板等适宜放置小盆栽等。总之，"因地制宜"是布置植物的核心原则，目的是让厨房空间更加完整。

推荐摆放：薄荷、罗勒、迷迭香、莳萝、百里香、蕨类植物、常春藤、吊兰等。

方案一：

图3-3　厨房绿植的摆放（一）

方案二（局部）：

图3-4　厨房绿植的摆放（二）

小技巧

> 厨房窗户的对面如果是邻居家，可在窗台上摆放一些小型植物或者悬挂植物，作为与邻家之间的屏障，还能使厨房显得明快且有生气。

3.3 餐厅

1.餐桌布置

厨房和餐厅里又大又平的桌台是布置植物的完美位置，充分利用这个绝妙的"舞台"来展现植物的美感吧！单棵植物或是小组合都是不错的选择，以植物为主题做整体桌面设计也很棒（图3-5）。

2.日常状态

"日常"意味着最好选择好打理、易维护且不占据太大空间的植物。系列陶瓷花盆和多肉植物的组合，再加上一两件陶瓷摆件便能出色地达成目标，也可以选择其他小型盆栽（图3-6、图3-7）。

3.假日点缀

正如我们经常改变桌台的用途，桌上的植物也可以时常变换。若想给节假日的餐桌一个不同的氛围，有个简单的办法：在日常状态的基础上增加一把新鲜的花束。选择是多种多样的，但最好以白花绿叶为主，它们能与日常摆放的植物产生视觉呼应。

方案一：

图3-5　餐桌绿植的摆放（一）

方案二：

图3-6　餐桌绿植的摆放（二）

方案三（局部）：

图3-7　餐桌绿植的摆放（三）

3.4 客厅

　　客厅既是家庭成员休闲娱乐的公共活动中心，也是接待宾客的重要场所，是室内装饰的重点。在进行植物装饰时，选择适宜的植物与室内陈设有机结合，营造绿化空间，打造品质生活。

　　面积较大的客厅可点缀空间较多，应注意大小搭配，数量不宜太多，位置应合理且观赏性好，防止阻碍家人活动。如在开阔的玻璃窗旁摆放高大的观叶植物，墙角侧摆放散开型的观叶植物，沙发旁摆放树阴浓密的观叶植物等。面积较小的厅室宜选用小型绿植，合理利用空间，如可在茶几、台桌上摆放小型低矮的盆栽、艺术插花或时令瓶花，台柜上可摆放垂吊植物等。

1.布置

　　客厅的植物陈设有许多实用小技巧，比如可以巧妙利用客厅中的诸多"面层"来安排植物组合，包括宽阔的地面空间。搁架和壁炉架是难得的好位置，如果有的话一定要好好利用：植物可以从搁架上悬垂而下，也可以经过牵引横跨整个搁架；壁炉架上摆放一两盆植物会很好看，还可以围绕它布置具有丛林感的植物组合。电视屏幕较大，所以选择叶片较大的植物来调节空间整体的平衡（图3-8、图3-9）。

2.敞开式客厅

敞开式客厅是展示大型植物，比如琴叶榕、荷威椰子的绝佳空间。现代风格室内设计中略显呆板的空间，经过这些大型植物的装点能柔化许多，植物的出现还能把宽阔的空间连接为统一的整体。即便如此，仍要抑制住填塞的冲动——适度布置一两棵即可，不要毫无节制地堆积，否则整体效果会大打折扣。

推荐摆放：天堂鸟、平安树、橡皮树、鹅掌柴、龟背竹、龙血树、金钱树、琴叶榕等。

方案一：

图3-8　客厅绿植摆放（一）

方案二（局部）：

图3-9 客厅绿植摆放（二）

小技巧

客厅的视觉中心是电视机、沙发、茶几，可用无花果、棕竹和拖垂形植物布置在其周围，起到柔化的作用。除此之外，浅色的花叶植物，比如休斯科尔球兰或三色球兰，可以打破沙发和咖啡案巨大的体量感，使画面平衡有度。还可以用植物立架上的吊兰点缀空白的墙壁，增加视觉趣味。

3.5 书房

书房既是办公室的延伸，又是家庭生活的一部分。书房的双重性使其在家庭环境中处于一种独特的地位。绿植能够给书房带来宁静、沉稳的感觉，让房间生硬的角落柔软起来。

对于书房绿植配置需要遵循以下几点原则：（1）如果书房有足够大的空间，可选购一个专用博古架，将书籍、小摆设和盆栽植物、山水盆景等陈列于上，营造出一种雅致和艺术的读书环境。绿植配置不宜过多，以观叶植物或颜色淡雅的盆景花卉为宜。（2）对于空间较小的书房，可选择矮小、终年常绿青翠的小型松柏类植物，如文竹、五针松等，少量摆放。同时可以充分开发利用竖向空间，搁架、壁挂和吊篮都是很好的选择（图3-10～图3-12）。

方案一：

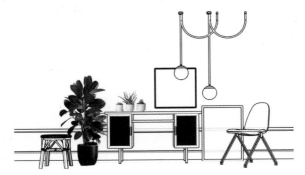

图3-10　书房绿植摆放（一）

方案二：

图3-11　书房绿植摆放（二）

方案三（局部）：

图3-12　书房绿植摆放（三）

小技巧

　　有些工作空间的面积较为狭小，这时就需要充分开发利用竖向空间，搁架、壁挂和吊篮都是很好的选择。不一定要用特制的家具，普普通通的架子就能达成惊人的效果。将植物与你的私人收藏组合成富有层次感的场景吧！它能在人们苦思冥想之际点亮灵感的火花。

3.6 卧室

1.主卧

卧室是人们休息的地方，安静清幽的环境对睡眠有极大的帮助，所以，在卧室摆放的植物，一定要有助于人的睡眠。卧室植物的摆放要营造雅洁、宁静的氛围，选择淡雅、柔软、形态优美的植物体现房间的舒适感；选择散发淡淡的自然芳香气息的植物，可令人松弛神经而酣然入睡。青年人及新婚夫妇的卧室应体现浪漫、温馨、和谐的主题，植物选择通常有月季、鹤望兰等观花植物。植物色彩的搭配要遵循动感、对比、和谐的原理，避免色彩过多、过杂。可在室内摆放经过园艺艺术加工的造型花卉或花卉小品，为室内增添浪漫气息（图3-13～图3-16）。

方案一：

图3-13 卧室绿植摆放（一）

方案二（局部1）：

图3-14　卧室绿植摆放（二）

方案三（局部2）：

图3-15　卧室绿植摆放（三）

方案四:

图3-16　卧室绿植摆放（四）

2.次卧（老人房/孩子房）

老年人的卧室宜选用一些清新淡雅、管理方便的绿色植物，尽量少用杂乱的装饰品，使空间显得宽敞明亮，有利于老人的生活起居。老人卧室的窗台和阳台上不宜放置大型植物，以免影响室内采光和老人的日常活动（图3-17）。

儿童房是用来学习、娱乐、休息和睡眠的小天地，应为儿童提供一个安全舒适的生活场所，让其体会亲情、享受童年，并营造一个富有创意的成长环境，以启发智慧、锻炼能力、陶冶情操，为今后的人生创造条件。由于儿童天性爱玩、好动，且室内环境的好坏会影响儿童生理、心理的健康成长，因此，在儿童房布置植物一定要慎重考虑，选择植物要符合儿童的心理和生理要求，在色彩上以明亮、欢快的植物为主，如生石花、西瓜皮椒草等，同时，要注意安全，不能把带刺、有毒、有异味的植物，如含羞草、虎刺梅等放入室内。

推荐摆放：万年青、虎尾兰、一叶兰、佛肚竹、文竹等。

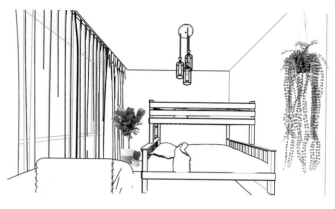

图3-17　次卧绿植摆放

小技巧

　　布置植物时可以突破固定思维，做出别出心裁的安排，比如使用长凳为植物提供一个特别的展示台。长凳可以打破床体硕大呆板的体块感，为卧室增添一个富有意趣的视觉焦点。边桌和不同高度的小凳子可以制造高低错落的效果，让每棵植物拥有属于自己的展示台。为了取得更好的展示效果，可以为边桌配备内置搁板，将日常用品收纳其中，避免杂物与植物争夺空间；还可以把床头柜上的台灯换成吊灯或落地灯，为植物提供空间。床头柜上宜摆放小型盆栽，比如皱叶椒草或镜面草。

3.7　卫生间

　　卫生间通常是住宅内相对简单的房间，但也是最实用的房间之一。卫生间里一般留白太多，且缺少有趣的视觉焦点，而布置绿植能带来生机，为空间增加许多质感和趣味（图3-18、图3-19）。

1.布置安排

卫生间面积相对较小，布置绿植的重点在于充分利用空间，如在墙壁上吊挂空气凤梨、用一排花盆填满窗台、在地板上立置中型盆栽等，都是很有效的做法。如果空间很有限，可选择沿竖直方向生长或从墙面上垂落的绿植，尽量不要选择横向延展的绿植。此外，还需根据植物的生长习性及卫生间的光照条件选择和布置绿植。

2.丛林氛围设计

如果想把卫生间布置出丛林的氛围，需要一些特别的思路。卫生间里的地面空间不足，所以要充分利用竖向空间，多运用植物吊篮和拖垂型植物。只增加一个吊篮就能产生立竿见影的效果，如果空间允许，则越多越好。如果选用的是同一种植物，可以巧用容器的高度差制造参差错落的效果；如果是一系列拖垂型和直立型植物的组合，则尽量让所有容器保持在同一高度上。这两种方式都能塑造流动感十足的绿意小品，形成柔和的三角形轮廓，避免规则生硬的外观。

3.能在卫生间里繁茂生长的植物

秋海棠、龟背竹和白鹤芋是比较适合在卫生间里生长的植物，它们都很好打理。秋海棠和白鹤芋不喜欢干燥的环境，卫生间里的潮湿空气对它们很有利。秋海棠和龟背竹喜爱有遮挡的阳光，白鹤芋在中等明亮的环境里生长良好（朝北的浴室里即是这种光线）。至于浇水，在生长旺盛的温暖月份里，表层几厘米的土壤干透后即可补充水分；冬季的浇水频率要大幅降低，具体情况视浴室的空气湿度而定，它们在冬季不需要太多水分。

4.阴暗卫生间绿植设计

有些卫生间里的自然光线非常少甚至完全没有，这是个很棘手的问题，毕竟植物需要光照才能正常生长。在光线稀少的卫生间里可以选用绿萝或心叶藤，它们都是攀爬型植物，可以牵引至各个角落，有效地把空间点缀起来。如果需要竖直线条，雪铁芋会是很好的选择，它在弱光环境下的生存能力令人印象深刻。如果实在太过阴暗，没有一丝光线，建议不要在这里费神了，把精力花在家中光照环境更好的房间吧。

推荐摆放：各种蕨类植物以及绿萝、白掌、常春藤、吊兰、富贵竹等。

方案一：

图3-18　卫生间植物摆放（一）

方案二：

图3-19　卫生间植物摆放（二）

小技巧

　　一些特定的植物很喜欢较为阴暗潮湿的环境，卫生间一般都位于家里背光的一面。同时卫生间的湿度又很满足一些植物的需要，如绿萝、波士顿蕨等。同时绿植也能给卫生间起到吸味除臭的作用。

3.8 阳台/阳光房

　　阳台空间相对开阔、采光充足，是室内绿植装饰点缀的重点区域。阳台的朝向是绿植选择的关键，朝向东和南宜选择喜光、耐旱、喜温暖的植物；朝向北宜选择喜阴类植物；朝向西因夏季西晒，可选择耐高温的植物。

　　阳台绿植布置应在留出正常生活空间的前提下，充分利用空间，不拘于形式，悬、挂、垂、吊、攀、附均可，注意营造高低有序、层次分明的格局。绿植种类也宜多样化，观花、观叶、观果植物和水生、陆生攀爬类植物都行，甚至蔬菜瓜果亦可（图3-20）。

方案：

图3-20　阳台绿植种植

1.南阳台

南向阳台有充足的阳光，所以九重葛、马缨丹等喜阳类植物是最佳选择。如果有其他建筑物遮挡，应根据遮蔽方位调整绿植布置。日照充足也会带来蒸发较快的问题，日常应随季节调整浇水的次数。夏季酷热，日照过强会使绿植灼伤，宜加强绿植防晒或适时将绿植移进遮蔽处。高楼层阳台还需考虑楼高风大的因素，避免植物因风大而生长不良。以下是适合南阳台的全日照阳性植物：

（1）草花类：石竹花（图3-21）、天竺葵（图3-22）。

图3-21　石竹花

图3-22　天竺葵

（2）木本类：月季（图3-23）、瓜叶菊（图3-24）。

图3-23　月季　　　　　　　　图3-24　瓜叶菊

（3）多肉类：虎刺梅（图3-25）、金枝玉叶（图3-26）。

图3-25　虎刺梅　　　　　　　图3-26　金枝玉叶

2.北阳台

北阳台日照条件最差，也最容易遭受强风影响，因此以栽种需光量少、耐阴的植物为宜，如苦苣苔科的盆花、国兰、兜兰、粗肋草、合果芋及观叶植物等。冬季可以明显感受到风势较强，必须注意盆栽是否失水，调整浇水的次数。寒流来袭，易出现失温的情形，必须适时将盆栽移入室内或加强保温措施。以下是适合北阳台的耐阴、抗风植物。

（1）观叶类：合果芋（图3-27）、鸟巢蕨（图3-28）、铁线蕨（图3-29）。

图3-27　合果芋　　　　　图3-28　鸟巢蕨　　　　　图3-29　铁线蕨

（2）藤蔓类：花叶络石（图3-30）、莱姆黄金葛（图3-31）。

图3-30　花叶络石　　　　　　　图3-31　莱姆黄金葛

（3）草花类：蓝目菊（图3-32）、蝴蝶兰（图3-33）。

图3-32　蓝目菊　　　　　　　图3-33　蝴蝶兰

推荐摆放：天竺葵、太阳花、矮牵牛、秋海棠、杜鹃、万寿菊、多肉、灯笼花、玉簪、月季、吊兰、蝴蝶兰等植物。

3.阳光房

阳光房一般从露台或阳台变化而来，也可以在院子里加盖。空间可以不必太大，配上大大的玻璃窗，光线非常好，种点花草，摆上自己喜欢的装饰物，绝对是家里最受欢迎的区域（图3-34）。

阳光房具有日照时间长、密封性能好的特点，因此在选择植物时，应充分考虑其对温度和湿度的要求，尽量选择一些喜热喜湿的品种，如龙血树、芦荟、仙人掌科的多肉植物等。如果控制好水分与光照时间，万年青、龟背竹等一些喜欢凉爽环境的植物也可以放在阳光房里。另外还可以在墙边种植一些攀爬的植物形成绿色帘幕，遮挡烈日直射，起到隔热降温的作用，让阳光房在夏日里形成清凉的小环境。

冬季里大部分植物都可在阳光房中进行培植，但在炎热的夏季，最好将它们移至较为凉爽的室外，并避免阳光暴晒。阳光房中还应保持良好的通风条件，以免出现植物掉叶的现象。

方案：

图3-34　阳光房绿植种植

小技巧

　　阳光就是植物的食物，顶楼是阳光充足的地方，很适合果树生长。至于阳台，一天必须要有4h以上的直射阳光，才适合栽种果树盆栽，同时也要衡量阳台的通风与空间大小等条件。建议选择果实较小的果树，比如金橘、番石榴、百香果、柠檬、西印度樱桃、桑葚、珍珠莲雾、神秘果、嘉宾果等。一定要使用嫁接苗或扦插苗，不要用自己播种的实生苗。

第④章

应用要点

4.1 养护

4.1.1 光照

　　光照是选择植物时需要重点考虑的因素。没有光照，什么植物都无法成活。大多数室内植物都能在朝南向阳且有阳光遮滤的窗边位置良好生长，在东西向的窗边也可以，甚至更好。在有遮滤的阳光下表现优异的植物有：垂叶榕、天堂鸟、澳洲大叶伞和球兰。阳光的强度会随着季节改变，秋冬季清晨在向阳窗边的柔和光线，到了夏季正午可能会变得强烈毒辣，导致叶片被灼伤。佛珠、吊兰、虎皮兰、仙人掌和多肉植物不惧阳光直射，很适合摆放在这个位置。还有一些植物能够忍耐弱光环境，比如向北的窗边，绿萝、一叶兰、丝苇、雪铁芋和白鹤芋都是很好的选择。虽说如此，如果能得到更多的阳光，它们可以长得更繁茂。若想在房间里阴暗的角落摆放植物，不妨每天把它们搬到较明亮的位置晒上几个小时的太阳，这对它们的健康成长很有帮助。

4.1.2 浇水

当土壤表层有些干燥时就应该给植物浇水，浇水是保证盆栽植物顺利生长的关键之一。最有利于植物根部生长的土壤状态是介于半干燥与干燥之间。很多花卉都是要见干见湿才能浇水的。土壤开始干燥的时间会因季节及植物的摆放位置有所差异，可以用手触摸盆土表层进行确认。

那么怎样才算是"充分浇水"呢？首先要浇足量的水，确保整个土壤空间里都有水，直到水从花盆底的排水孔渗出，并且这样的过程需要重复三次，简单地说就是浇水量一定要与植物的容积相同。如果只从花盆的一侧浇水，或者水没有从花盆底部的排水孔渗出，就没有做到给植株整个根部补充水分，会导致植物缺水。此外，还需注意花盆托盘里不要存水，保持良好的通风。特别要注意的是，夏季如果植物摆放在密闭的室内，由于空气流动性差，此时给植物浇水过多极易造成植物病虫害频发。观叶植物多生长在气候温暖的地区，因此冬季不宜浇水过多，以免造成植物病弱。冬季植物吸收水分的速度减缓，因此最好是在确认盆土表层干燥后再浇水。此外，一些植物在缺少水分时会发出信号。比如，多肉植物缺水，叶片会出现褶皱；榕属植物或叶片较大的植物缺水，叶子会卷曲或下垂。所以可通过观察植物的状态来找到浇水的最佳时机。

4.1.3 温度和湿度

大多数室内植物的适宜生长温度为18～23℃，这在现代住宅建筑内比较容易得到保障。如果室内空气过于干燥，可以早上或傍晚给植物喷洒水雾。还可以准备一个托盘，里面铺上一层石子，然后往托盘里注水，让水面不要没过石子，再把盆栽放在石子层上。这样一来，水的蒸腾作用使局部空气湿度增加了，植物也不会泡在水里。

4.1.4 营养

植物需要氮、磷、钾才能生长繁茂，而它们都存在于植物肥料之中。当从苗圃把植物搬回家时，花盆土壤里已经带有一些肥料，但它们会随着时间慢慢消耗，需要定期补充。建议每隔3个月给植物补充一次肥料，与土壤混合好，加到花盆里。对于需土量较小的植物，比如仙人掌和多肉植物，每隔6～8周补充一次比较理想。但要切记：只能在植物的生长期内施肥，即春季和夏季，在休眠期施肥会导致植物死亡。另外，市面上的肥料品种繁多，要针对植物的生长需求，选择最合适的。

4.1.5 虫害

发生虫害是植物生存环境及健康状态恶化的讯号，如果植物的生存环境或健康状态恶化，就容易发生叶蜱、介壳虫等虫害。其主要原因有日照不足、空气干燥、叶片上面灰尘过多、缺少水分等。夏季尽量将植物摆放在阳台或室外的散光处，日照不足、通风不好会使得植物过于潮湿而引起病虫害的发生。这时，需考虑给植物换一个新的环境。此外，如果叶片上有灰尘，则需要用湿布轻轻擦拭。发生虫害时，植物的叶色会发生变化，需及时使用药剂进行驱除，并且要仔细找到植株病弱的原因，对症解决。在4～9月的植物生长期，应尽量将植物移到阳台或室外，让它们呼吸新鲜的空气、接受雨水的滋润，这样也可以起到预防虫害的效果。对于发生虫害的植物，在驱除害虫后，可在4～9月的温暖时期，将其放置于室外养护，能促进植物尽快地恢复健康。

4.1.6 修剪

整形修剪贯穿盆景植物的整个养护过程，一定要敢于修剪，因为这对盆景植物的生长至关重要。只有不断修剪，才能维持盆景的造型，将先天高大的植物控制得迷你小巧，让植株显得更加古朴苍劲。修剪工具要保持洁净锋利，因为肮脏粗钝的工具容易传播疾病和虫害。植株重度修剪后，要为伤口涂抹保护剂。修剪不可操之过急，需要足够的时间和精力；也不可贸然行事，务必保持冷静。

4.2 配件

4.2.1 花盆

在选择花盆时，可以先问下自己：是否钟情独一无二的手工花盆？喜欢粗粝的质感还是光滑的？偏爱艳丽的色彩还是素雅的？喜欢简洁的形状还是复杂的？确定了心中所想后，便要思考如何利用它们，使你的植物更加"完整"，让植物和花盆与你家整体风格完美相配。如果你要搭配的是外形精巧纤弱的植物，形状简洁、色彩浅淡的花盆较为适合。若植物拥有强劲、有雕塑感的外形，或带有鲜艳醒目的色彩，可以用具有强烈视觉冲击力的花盆与之相配，使效果更加突出；当然也可以选择简洁的花盆，使整体看起来柔和一些。

4.2.2 排水配件

如果你用的是底部有排水孔的花盆，再用一个接水托盘与之相配会是很好的选择。它能把流出的水承接住，使你可以放心大胆地给植物浇水，而不必先把盆栽移置室外或水槽里。

4.2.3 植物立架

植物立架在20世纪70年代一度非常流行，最近几年大有复兴之势。它们可以提升植物盆栽的高度，使之更加突出醒目。除此之外，立架还能让植物装饰空间的方式更加灵活多变，在展示植物时带来许多创意。市面上的植物立架有许多现代感十足的设计，有不同形态、不同色彩可供选择。

4.2.4 吊篮和板架

如果你家空间有限，那么尽量在竖直方向上做文章。在市面上可以买到许多配有种植盆的吊篮和板架，亦有多种材料可供选择，比如涂层钢、木材、陶瓷、塑料，甚至回收材料。花样繁多，形式多样，特别适合用在小空间里，比如浴室、小套间等。吊篮通常固定在天花板上，也可以悬吊在墙钩或柜架上——记得事先确认它们的承重能力。还有一些特别设计的立架，专门用于盛放吊篮，可以巧用它创造新颖的植物布置方式。

4.2.5 玻璃容器

易维护的特点和与众不同的美感，使玻璃生态缸越来越受欢迎。它能创造一个封闭的生态系统，只要保证密闭性，这个透明的小环境可以实现水分循环，无须再浇水。其中的一个分类"苔藓缸"，即玻璃容器内只种植苔藓类植物，堪称是"活着的艺术品"。

4.2.6 支撑杆

种植茎干细长柔弱的植物时，支撑杆是不可或缺的配件，它能防止倒伏，有益于植物健康生长。支撑杆还可以作为一种设计元素，为盆栽增添装饰性。它不仅能展现蔓生植物的自然之美，还能使之竖向生长，成为饶有趣味的艺术小品。

4.3 典型室内绿植推荐

4.3.1 易活植物

易活植物一般指生存条件要求不高、耐寒、耐旱、耐高温的植物，常见的主要有仙人掌、太阳花、不死鸟、铜钱草、紫鸭跖草、虎皮兰、蟹爪兰、薄荷、虎刺梅、芦荟，它们不仅栽培简单，而且各自还有着不同的观赏魅力。

不死鸟（图4-1），也称落地生根，为景天科多年生肉质草本植物，叶片边缘锯齿处可萌发出两枚对生的小叶，在潮湿的空气中，能长出纤细的气生须根，这小幼芽均匀排列在大叶片的边缘，一触即落，立即扎根繁育子孙后代，颇有奇趣。用于盆栽，是窗台绿化的好材料，点缀书房和客室也具雅趣。

虎尾兰（图4-2），叶片坚挺直立，叶面有灰白和深绿相间的虎尾状横带斑纹，观赏价值高，对环境的适应能力强，为常见的家内盆栽观叶植物。适合布置装饰书房、客厅、卧室，可供较长

图4-1　不死鸟　　　　　　　　　　图4-2　虎尾兰

时间欣赏。

4.3.2 喜阴植物

喜阴植物，也称"阴生植物""阴性植物"，比耐阴植物更不喜欢阳光。这是一个相对概念，与喜阳植物相对，它不能忍耐强烈的直射光线，要求在适度隐蔽下方能生长良好，生长季节要求的生境较湿润，生长期间一般要求有50%～80%隐蔽度的环境条件，在弱光照下生存良好。常见喜阴植物为蕨类、兰科、苦苣苔科、凤梨科、天南星科、竹芋科及秋海棠科等室内观叶植物。

很多人家中的卫生间是暗卫，就可以摆放一些阴生植物，缓解卫生间污浊空气的同时，对美化空间布置也有一定好处。

鸟巢蕨（图4-3），较大型的阴生观叶植物，悬吊于室内别具热带情调，盆栽的小型植株可用于布置明亮的客厅、会议室及书房、卧室。繁茂的绿色叶片，通过光合作用使封闭的室内空气变得清新。

龟背竹（图4-4），叶形奇特，孔裂纹状，极像龟背。茎节粗壮又似罗汉竹，深褐色气生根，纵横交错，形如电线。其叶常年碧绿，茎粗壮，节上有较大的新月形叶痕，生有索状肉质气生根，极为耐阴，是室内大型盆栽观叶植物。

图4-3　鸟巢蕨　　　　　　　　图4-4　龟背竹

4.3.3 爬墙植物

爬墙植物，也称攀援植物，是能抓着东西往上爬的植物。在植物分类学中，并没有攀援植物这一门类，这个称谓是人们对具有类似爬山虎这样生长形态的植物的形象叫法。常见爬墙植物有牵牛花、茑萝、金钱薄荷、吊竹梅、藤三七、合果芋、锦屏藤、球兰、绿萝等。

茑萝（图4-5），蔓生茎细长光滑，极富攀援性，花冠深红鲜艳，叶纤细秀丽，花开时像一颗颗闪闪的五角红星，点缀在绿色的羽绒毯上，熠熠放光。自夏至深秋，每天开放一批，晨开而午后即萎。花除红色外，还有白色的。若两色杂植，则红白交相辉映，令人赏心悦目。茑萝抗逆力强，管理简便，是美化庭院、阳台的极佳植物。

图4-5 茑萝

吊竹梅（图4-6），蔓性常绿植物，生长迅速，1年可覆盖满盆，枝条自然飘曳，叶面斑纹明快，叶色别致。植株小巧玲珑，又比较耐阴。适于美化卧室、书房、客厅等处，可放在花架、橱顶，或吊在窗前自然悬垂。

图4-6 吊竹梅

4.3.4　大叶植物

　　大叶植物是指叶子有一个扁平的、相对宽的表面的植物。本书所指的大叶植物是指鹤望兰、龟背竹、琴叶榕等大型阔叶绿植。

　　鹤望兰（图4-7），四季常青，叶大姿美，花形奇特，植株别致，具有清新、高雅之感。花期可达100d左右，每朵花可开13～15d，1朵花谢，另1朵相继而开。切花瓶插可达15～20d之久，插花多用自然式插花，将2支鹤望兰高低搭配，在其他花配叶的衬托下，相偎相依，似一对热恋中的情侣在互诉衷肠，是室内观赏的佳品。

　　琴叶榕（图4-8），茎干直立，极少分枝。因叶先端膨大呈提琴形而得名。其叶片厚革质，深绿色，具有光泽，全缘常呈波状起伏，叶脉凹陷，节间较短，叶片密集生长，蓬勃向上，具有较

图4-7　鹤望兰　　　　　　　图4-8　琴叶榕

高的观赏价值，是理想的接待大厅、住宅客厅观叶珍品。

4.4 绿植搭配组合推荐

　　单独一棵植物或许也很好看，但当许多植物组合在一起时，它们能迸发出更蓬勃的生机。有多种搭配方式可供选择，但要考虑每种植物是否适合你家的环境。我们希望所有植物都能茁壮生长，展现绰约的风姿。搭配植物时有4个关键要素：色彩、形态、质感和种类。在实践中请择其一作为主题，其余辅之。要知道，太多的对比元素会带来困惑。但也不必拘泥于这些原则，有时候稍稍打破定式反而能收获意想不到的效果。

4.4.1 色彩

　　可以把植物组合的色彩限定为近似的绿色，也可以把不同浓淡深浅的绿色搭配起来，还可以加入带一抹红色的叶片或正在开花的多肉植物，制造恰到好处的对比（图4-9）。叶色深暗的植物能为植物组合带来别样的趣味，非常适合用在现代风格的空间里。还有些植物的叶片上带有斑纹，它们能让植物组合的色彩丰富起来。

　　切忌在植物组合中制造强烈的色彩冲突，不要让迥异的颜色在你的眼前争宠；但纯粹的绿色也不太理想。还要考虑植物所在位置的背景色彩。举一个错误搭配植物色彩与背景色彩的例子：红宝石橡胶榕的叶片上带有醒目的粉色和奶油色，若它出现在色彩明亮、图案繁复的壁纸前，会显得极不协调。

图4-9　植物组合的色彩

4.4.2　形态

　　植物组合的整体形态，可以是水平铺展的，也可以是竖向分布的（图4-10），三角形或圆形也是不错的选择。一切取决于植

物组合坐落的位置、所用的容器，还有特定空间里最佳的呈现效果。你可以从竖向植物组合开始练习，它能广泛应用于各种场景。先选择一棵高大的植物统领结构，然后在它下面布置一株稍矮的灌丛形植物，最后用一两株枝叶松散的小型植物点缀补充。

图4-10　植物组合的整体形态

4.4.3 质感

　　试着把不同质感的叶片搭配起来，比如粗糙的与光滑的、干瘪的与有光泽的。微妙的质感差异可以让不同浓淡深浅的绿色之间呈现更明显的差异，形成对比。质感的对比还可以进一步延伸到容器，比如将表面光滑与表面粗糙的容器放在一起。蚀刻陶瓷、布艺、纸张、针织品都是富有质感的素材（图4-11）。

图4-11　植物组合的质感

4.4.4 种类

　　群体优势能带来震撼的效果。当你把种类相近的植物搭配在一起时，它们便会营造出生动有趣又彼此呼应的场景。常见的搭配有不同品种的多肉植物、仙人掌，或者多种同为拖垂型的植物（图4-12）。

图4-12　植物的搭配

4.5 创作绿意小品

　　"居室创作小品"是指通过一系列物品的布置摆放，来讲述故事、表达观念。若我们在其中加入富有生命力的植物元素，便成为生动有趣的"绿意小品"。小品创作是室内设计师的基本工作内容，近年来愈发受到大家关注——可能是因为"小品"的形式特别适合在社交软件上分享传播。在创作绿意小品的过程中可以充分练习塑造风格的各种技巧，用创造力和审美表达独有的观念，讲述自己的故事。要选择一个平整坚实的界面，碗橱、餐柜和抽屉柜是很好的入手起点。中小型小品适合摆放在书架、桌台甚至长凳上面。单独一株植物会显得有些孤独，适合出现在没什么杂物的窗沿和小边桌上，这样就能突显出它自身。如果小品坐落的位置高于正常视线，比如在架子上，选择倾泻而下的拖垂型植物要比挺立型植物更合适（图4-13），因为后者不太适合以仰视视角观察欣赏。从现在起，收集各种各样的植物和饰品，用它们来创作小品、讲述故事吧！我们可以构建纯粹的植物主题，也可以加入些许装饰品使表现更加丰富。后面提供的这些"黄金原则"能够帮助我们更好地创作。请记住一点：植物始终是主角。

图4-13　创作小品

小技巧

搭配艺术品或饰品，能够提升绿意小品的整体美感，使效果更加出众。高而细的植物非常适合此种场景，它们能引导视线向上移动，直指艺术品，甚至将其包围，从而制造出意想不到的奇妙效果。这么做还有一个好处：艺术品的加入能让小品更加引人注目，我们可以从房间另一端一眼看到它。

第 **5** 章

未来展望

5.1 立体绿化

立体绿化是依附于住宅立面的，这是一种未来绿化的新趋势。立体绿化是以建筑物为载体，以植物材料为主体营建的各种绿化形式的总称。具体形式有：（1）生态绿墙。在建筑物侧面，包括标准化绿墙、苔藓艺术绿墙、热带雨林绿墙等。（2）生态屋顶。在楼顶平台砌花池栽种花草，搭建棚架、植物藤，既降低了屋顶温度，又提供了休闲场所。（3）围栏绿化。精巧的铁艺围栏可用藤本月季、金银花、牵牛花来装饰。（4）阳台绿化。在窗台、阳台上种一些牵牛花、绿萝之类的绿色植物，用绿色装饰家居。（5）桥体、桥柱绿化。在立交桥两侧设立种植槽或垂挂吊篮，栽种爬蔓植物，可以增加绿视率，起到吸尘、降噪的作用。（6）生态园艺。室内生态园艺景观作为新型室内办公环境场景应用，具有生态环保、有氧空间、洁净空气、健康养生、提升形象、专人维护省心省力的特点。

5.2 养护升级

　　未来室内绿植的养护将更加科技化，绿植养护的温度、湿度等指标全部会实现可视化，种植更加容易和精准，花艺的门槛越来越低。因此，忙于工作的人们，可以轻松上手养护绿植。比如现在人们可以自行购入土壤检测仪，空气检测仪，甚至光照不足也可以使用人造光源弥补。人们通过升级的现代智能仪器（图5-1、图5-2），可以轻松了解实时的温度、pH值、光照。并且现代家居也出现了养护绿植专用的装置，环保、绿色、智能，高效解决了室内环境和使用传统花盆种植植物浇水施肥易弄脏地面、花盆沉重不易搬运、培育管理费时费力的弊端，帮助现代城市居民在室内更好地养护绿植。这种装置是集成与智能、功能与装饰、标

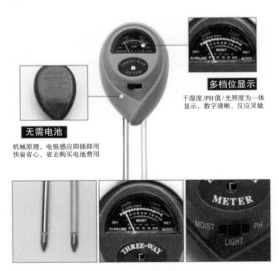

多档位显示
干湿度/PH值/光照度为一体
显示，数字清晰，反应灵敏

无需电池
机械原理，电极感应即插即用
快扁省心，省去购买电池费用

图5-1　现代智能仪器（一）

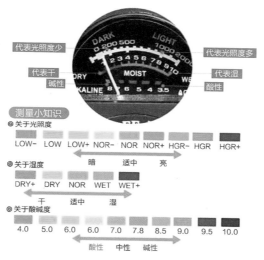

图5-2　现代智能仪器（二）

准与个性的结合，推翻了传统花盆种植植物的维护方式，也将彻底改变室内种植植物的结构和习惯。

5.3 风格多元

到20世纪50年代，室内植物才成为司空见惯的装饰，这得益于大众对流苏吊盆、植物架、玻璃容器等家居配饰日渐高涨的喜爱。到了20世纪70年代，种植室内植物成为风尚。植物的运用甚至定义了那个年代的家庭装饰风格。时至今日，现代极简的家庭装修风格越来越流行。与之相伴而来的是大家对"柔化硬线条空间"及"与自然重新建立联结"的巨大渴望。越来越多对人们身心有益、适合养于居室之中的绿色植物吸引着都市人们对自然的本能渴求，未来住宅绿植的风格呈现，将更加多元、细化，塑造风格本身也表达着人们对精神文化的态度。植物配置也会更加细腻，室内空间绿化设计将与室内硬装结合得更加紧密。比如在室内硬装时，考虑天花板上可以直接装置专门用于悬挂绿植的机关与凹槽；在阳台照明安装时考虑专用于植物照明的部分；在厨房设置一块区域，养殖一些料理调味植物，如葱、蒜等，满足观赏性、实用性与生活趣味性；在绿植主要放置区域，装置排水系统、自动浇水系统、检测植物生长环境系统。花器或种植方式将成为内装的组成部分，绿植在室内的地位也会从"可有可无"到家庭住宅中必须考虑的一环。种植是一种自我表达方式，也是在城市中创造更美好的小空间的有效方式。将盆栽和其他样式的植物以移动家具的形式嵌入到住宅建筑中，是一种低风险、低成本但高收益的设计思路。同时，它也鼓励了多元化与个性表达，能使生活空间变得生动、有趣且富有蓬勃的生命力。未来人们将更加紧密地生活在一起，在设计中充分运用植物因素能进一步丰富我们对空间的认识，提高我们对创造美好生活的设计艺术的把握。

参考文献

[1] 胡长龙. 室内植物净化与设计 [M].北京：机械工业出版社，
    2013.

[2] 安元祥惠. 室内绿植搭配与养护完全手册 [M]. 北京：化学
    工业出版社，2019.

[3] 周雷亮，魏艳洁.现代家居绿植装置的人性化设计 [J].现代园
    艺，2020，43（21）：178-180.